【新型职业农民书架】

董 伟 郭书普 编著

本书采用大量原生态图片，详尽展示了豆类蔬菜病虫害的症状和形态特征；同时用简明的文字，介绍了每种病虫害的发生规律、鉴别要点和防治技术。

原色图鉴——一本书明白豆类蔬菜病虫害

时代出版传媒股份有限公司
安徽科学技术出版社

图书在版编目(CIP)数据

原色图鉴——一本书明白豆类蔬菜病虫害/董伟，
郭书普编著. —合肥：安徽科学技术出版社，2016.10
ISBN 978-7-5337-6914-7

Ⅰ.①原… Ⅱ.①董…②郭… Ⅲ.①豆类蔬菜-病
虫害防治-图谱 Ⅳ.①S436.43-64

中国版本图书馆 CIP 数据核字(2016)第 011053 号

原色图鉴——一本书明白豆类蔬菜病虫害　　　董　伟　郭书普　编著

出 版 人：黄和平　　　选题策划：汪卫生　　　责任编辑：汪卫生
责任校对：陈会兰　　　责任印制：梁东兵　　　封面设计：朱　婧
出版发行：时代出版传媒股份有限公司　http://www.press-mart.com
　　　　　安徽科学技术出版社　　　　http://www.ahstp.net
　　　　　(合肥市政务文化新区翡翠路 1118 号出版传媒广场，邮编：230071)
　　　　　电话：(0551)63533323
印　　制：合肥华云印务有限责任公司　　电话：(0551)63418899
(如发现印装质量问题，影响阅读，请与印刷厂商联系调换)

开本：710×1010　1/16　　印张：6　　字数：120 千
版次：2016 年 10 月第 1 版　　2016 年 10 月第 1 次印刷

ISBN 978-7-5337-6914-7　　　　　　　定价：24.00 元

前　言

由于全球气候变暖、栽培制度变化、高产品种推广、病虫草害抗药性上升等因素的影响，农业生产上有害生物的发生种类、分布区域以及危害程度等也随之发生变化。病虫草害仍然是农业生产中的一个重要的问题。

农业病虫草害的防治，通常采用植物检疫、农业防治、生物防治、物理机械防治、化学防治等方法。目前，在我国的农业生产过程中，农药仍然是防治病虫草害的主要手段。科学防治、精准施药，对提高农药利用效率、减轻环境污染等有重要意义。

只有正确识别病虫草害，才能做到精准施药；只有正确了解病虫草害的发生规律和传播途径，才能做到科学用药。

为了更好地满足农业安全生产的需要，安全、经济、有效地控制病虫草害的发生，减少生产损失，提高农产品的质量，作者编写了本系列书。本系列书是大型实用丛书——《新型职业农民书架》的一部分，共 10 个品种，分别是：《原色图鉴—— 一本书明白水稻小麦病虫害》；《原色图鉴—— 一本书明白玉米棉花病虫害》；《原色图鉴—— 一本书明白油菜大豆花生芝麻病虫害》；《原色图鉴—— 一本书明白食叶蔬菜病虫害》；《原色图鉴—— 一本书明白瓜类蔬菜病虫害》；《原色图鉴—— 一本书明白豆类蔬菜病虫害》；《原色图鉴—— 一本书明白番茄辣椒茄子病虫害》；《原色图鉴—— 一本书明白草莓葡萄病虫害》；《原色图鉴—— 一本书明白茶树病虫害》；《原色图鉴—— 一本书明白农田杂草》。

本系列书以图为主，突出了病虫草害的识别，同时简要介绍了病虫草害的发生与危害、传播途径、发生规律及主要防治措施等。本系列书图片清晰直观，文字简明扼要，内容实用，可供基层广大植保人员及新型职业农民阅读使用。

由于作者水平有限，书中讹误不当之处在所难免，敬祈读者不吝批评指正。

编著者

目录

蚕豆病害

豌豆病害

扁豆病害

害虫

概　述

　　豆类蔬菜主要有豇豆、菜豆、蚕豆、豌豆、扁豆,是蔬菜中的重要一类。

　　我国已知豇豆病害有 20 多种,常见病害有:病毒病、白粉病、煤霉病、锈病、菌核病、枯萎病、根腐病、炭疽病等。我国已知菜豆病害近 40 种,常见的有病毒病、炭疽病、锈病、白粉病、菌核病、炭腐病、枯萎病、细菌性疫病等。我国已知蚕豆病害有 30 多种,危害较大的有:病毒病、赤斑病、锈病、根腐病等。我国豌豆病害有 20 多种,其中白粉病、霜霉病、褐斑病、炭疽病、根腐病等危害较大;白粉病流行于半干旱地区,晚熟春豌豆在昼暖夜凉、重露条件下易发生;霜霉病主要流行于气候比较冷湿的地区;根腐病分布广,土壤湿度高时易发生。扁豆种植面积相对较小,对其病害的研究也较少,立枯病、炭疽病等苗期发生普遍,根腐病、灰霉病、炭疽病、叶斑病和病毒病等主要在生长期间发生并危害。

　　危害豆类蔬菜的害虫主要有斑潜蝇、蚜虫、螟蛾、斜纹夜蛾、棉铃虫、豆象、粉虱和叶螨。

　　斑潜蝇主要以幼虫潜食危害,豆科蔬菜受害严重。斑潜蝇类以幼虫蛀入菜豆、豇豆、扁豆或豌豆的叶片或豆荚表皮内,潜食叶肉,形成迂回曲折的灰白色隧道,不仅影响叶片的光合作用,也影响豆荚的品质和产量。其中,在豌豆上危害的主要是豌豆彩潜蝇,在豇豆和菜豆上危害的主要是美洲斑潜蝇。

　　螟蛾类害虫在豇豆、扁豆、菜豆等主栽区均有发生,秋播豆类蔬菜是其主要的危害作物。该类害虫钻蛀豆荚、啃食叶片,引起产量损失,降低商品品质。如果防治不及时,可造成严重减产。由于豆类具有分批采收的特点,因此,农药使用较为频繁易造成农药残留问题。

　　斜纹夜蛾、棉铃虫等夜蛾科害虫,以幼虫取食叶片,形成孔洞和缺刻;蛀食花蕾和花朵,造成落花落蕾;钻蛀豆荚,影响产量和品质。

　　蚜虫、烟粉虱、叶螨也是豆类蔬菜的重要害虫。这些害虫个体微小、适应性强、种群增长迅速、地域分布广,在保护地中发生严重,危害有进一步加剧的趋势。

豇豆病害

★豇豆病毒病

豇豆病毒病属病毒病害。各地均有发生,危害较大。

病毒可通过种子系统侵染,种子带毒率较高。田间发病主要由蚜虫传播和汁液接触传染。

夏秋季节干旱易发病。苗期缺水、蚜虫数量多及重茬地等均有利于发病。

●主要防治措施:选用耐病品种,加强栽培管理,提高植株抗病力;及时防治蚜虫,可以有效控制病害的发生;发病前或发病初期喷洒植病灵Ⅱ号进行防治。

叶片褪绿黄化,叶脉处保留绿色

叶片黄化

叶片褪绿,叶脉变黄

2

花叶

叶片扭曲畸形

叶片呈泡状突起

顶端丛生

病株生长不良,嫩梢开始坏死

★豇豆煤霉病

豇豆煤霉病属真菌病害,又称叶霉病,主要危害叶片,严重时也危害茎蔓、叶柄及豆荚,各地均有发生。

病原以菌丝块附在病残体上越冬。田间发病后,病菌通过气流传播。

高温、高湿有利于发病。春播豇豆比晚播豇豆发病重。

●主要防治措施:合理密植,保持田间通风、透光;增施磷肥、钾肥,提高植株抗病力;发病初期及时摘除病叶,收获后及时清除田间病残体,集中烧毁或深埋;发病前或发病初期喷洒苯甲·丙环唑或甲基硫菌灵进行防治。

田间典型症状

发病后期典型症状

发病初期,近圆形病斑中出现紫红色小点

病斑受较大叶脉限制而呈不整形

叶背症状

病斑上长出暗灰色或灰黑色煤烟状霉

★豇豆锈病

豇豆锈病属真菌病害,主要危害叶片、叶柄,茎和豆荚也可发病,各地均有分布。病原以冬孢子在病残体上越冬,在南方夏孢子是初侵染源,借气流传播危害。夏秋季高温、多雨病害易流行。低洼积水,种植过密,通风不良的地块易流行。

●主要防治措施:实行轮作倒茬,清沟排水,防止低洼地积水;合理密植,保证通风良好;收获后将病叶清除干净并集中烧掉;发病初期喷嘧菌酯或烯唑醇进行防治。

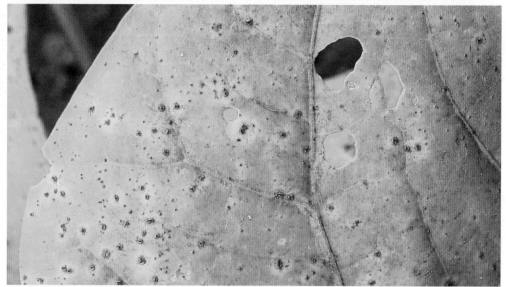

病叶上出现黄白色小斑点,微隆起

斑点破裂后散出红褐色的夏孢子

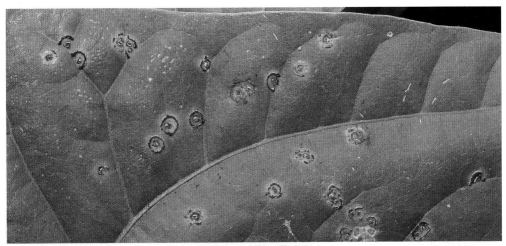

有时也形成圆环状疱斑

发病后期,病部产生黑色疱斑

病斑破裂后散出黑色冬孢子

冬孢子堆放大

茎秆发病

★豇豆白粉病

豇豆白粉病属真菌病害。主要危害成株叶片,各地均有分布,南方发生普遍。

病原在温暖地区可以辗转传播危害;寒冷地区病原在多年生植物体内、花卉上或以闭囊壳在病残体上越冬,在田间可通过气流进行传播。

田间病害流行的适宜温度为16~24℃,相对湿度45%~75%。雨水偏少的年份发病较重。干旱或昼夜温差大,发病重。

● 主要防治措施:选用抗病品种,施足有机肥,增施磷肥、钾肥,提高植株抗病性;田间零星发病时,摘除病叶,收获后及时清除病残体,集中烧毁或深埋;发病前或发病初期喷洒腈菌唑加百菌清进行防治。

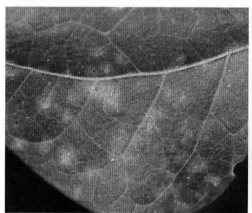
发病初期,病叶上出现白色粉斑

随着病情的发展,白色粉斑逐渐增多

病斑颜色渐变为灰白色至紫褐色

病斑沿叶脉扩展成粉带

★豇豆灰霉病

豇豆灰霉病属真菌病害,主要危害叶片、茎蔓、花和豆荚。

病原以菌丝、菌核或分生孢子越夏或越冬,在田间可通过雨水、气流、农具或随病残体传播。

在有病原存活的条件下,只要具备高湿和20 ℃左右的温度条件,病害易流行。

⬤ 主要防治措施:棚室降低湿度,提高夜间温度,增加白天通风时间;及时拔除病株;定植后出现零星病株即开始喷药防治,药剂可选择嘧霉胺、异菌脲等。

落花诱发豆荚发病

茎蔓发病

落花诱发灰霉病

病斑上长出灰色霉状物

霉状物放大

9

★豇豆菌核病

豇豆菌核病属真菌病害,开花结荚期易发病。

病原以菌核在土壤中、病残体上、堆肥中及种子上越冬。条件适宜时,菌核产出子囊盘,散出子囊孢子,随气流传播蔓延。

冷凉潮湿条件易发病。

●主要防治措施:播种前温汤浸种;与禾本科作物轮作;收获后进行深耕、灌水,有利于杀死菌核;发病时喷洒异菌脲、乙烯菌核利等。

花器染病,病部密生白色棉絮状霉

茎蔓发病

茎基部发病,病部呈灰白色,逐渐枯死

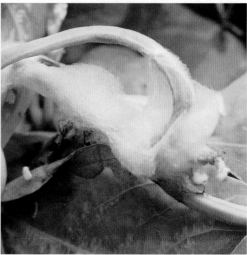

豆荚发病

★ 豇豆轮纹病

豇豆轮纹病属真菌病害,主要危害叶片、茎蔓及豆荚。

病原以菌丝体和分生孢子梗在病部、土中或种子表面越冬或越夏,也可以菌丝体在种子内或以分生孢子黏附在种子表面越冬或越夏;南方周年辗转传播危害。在田间,病原可通过风雨传播。

高温多湿的天气发病重。栽植过密,通风差及连作低洼地发病重。

● 主要防治措施:发病地块在收获后,彻底将病残物集中深埋或烧毁,深耕晒土;有条件时实行轮作;施用的堆肥要充分腐熟;发病前或发病初期喷洒苯甲·丙环唑或多·硫进行防治。

田间发病状

病斑近圆形,褐色

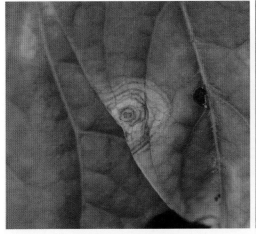

病斑上有明显的轮纹

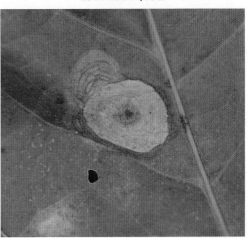

病斑中央呈眼点状

11

★豇豆炭疽病

豇豆炭疽病属真菌病害。主要危害叶片和茎部,苗期、成株期均可发病。

病原主要在种子上越冬,也可以在病残体上越冬。在田间,病菌可通过雨水和昆虫传播。

多雨、多露、多雾、冷凉多湿地区发病重。种植过密,土壤黏重地,发病重。

⬤主要防治措施:选用抗病品种,或从无病荚上留种;播种前用多菌灵浸种;重病田实行2年以上轮作;发病初期喷洒苯甲·丙环唑或百菌清进行防治。

叶片病斑边缘褐色,中部淡褐色

茎蔓病斑梭形或长条形,紫红色

豆荚染病初期,出现红褐色病斑

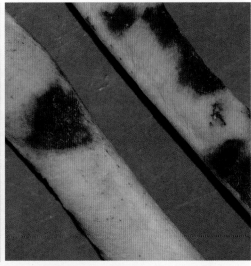

豆荚发病后期,病斑紫褐色,上生小黑点

★ 豇豆疫病

豇豆疫病属真菌病害。苗期和成株期均可发病,主要危害茎蔓、叶片和豆荚。病原以卵孢子、厚垣孢子随病残体在土中或种子上越冬,在田间可借风雨传播。气温25~28 ℃,连阴雨或雨后转晴,湿度高,易发病。

● 主要防治措施:播种前用甲霜灵浸种;重病田与非豆科作物实行3年以上轮作;采用垄作或高畦深沟种植,合理密植,雨后及时排水;收获后将病株残体集中深埋或烧毁;中心病株出现时开始施药,药剂可选用甲霜·锰锌或王铜·甲霜灵等。

叶片受害后产生不规则灰绿色坏死斑

豆荚受害后长出暗绿色水渍状斑,并逐渐软腐

13

★ 豇豆斑枯病

豇豆斑枯病属真菌病害，主要危害叶片。

病原以菌丝体和分生孢子器随病残体遗落在土中越冬或越夏。田间发病后，病菌可借助雨水溅射传播蔓延。

温暖高湿天气有利于发病。

● 主要防治措施：摘除发病叶片，深埋或烧毁；发病初期喷洒苯甲·丙环唑或百菌清进行防治。

病斑紫红色

病斑多为不规则形，大小2~5毫米

后期病斑中部灰白色，常数个病斑融合为大斑

★豇豆红斑病

豇豆红斑病属真菌病害,又称灰星病、叶斑病。各地均有发生。

病原以菌丝体或分生孢子在种子或病残体中越冬,在田间可通过气流及雨水溅射传播。

高温、高湿有利于该病发生和流行。秋季多雨连作地或反季节栽培地发病重。

●主要防治措施:播前用温水浸种;收获后清洁田园,深耕土壤,有条件的可实行轮作;发病前或发病初期喷洒乙霉·多菌灵或苯甲·丙环唑进行防治。

初期病斑较小,紫红色

病斑逐渐扩大,大小不等,中部变为暗灰色

★豇豆灰斑病

豇豆灰斑病属真菌病害,主要危害叶片,有时也危害茎和荚。

病原以分生孢子丛或菌丝体随病残体在土壤中越冬,在田间可通过气流或雨水传播。高湿或通风透气不良,易发病。气温25~27℃、湿度100%时,发病重。

●主要防治措施:选用抗病品种,注意排湿,改善通风透气性能;收获后彻底清除病残体;发病前或发病初期喷洒苯甲·丙环唑或多菌灵进行防治。

叶片发病

有时病斑上有轮纹

★豇豆茎枯病

豇豆茎枯病属真菌病害,又称茎腐病、炭腐病。主要危害叶柄、茎蔓和近地面的茎基部。

病原以菌丝或菌核随病残体在土壤中越冬,在田间可借雨水溅射传播。

高温、多湿易发病。田间地势低洼、土壤湿度大,有利于发病。

●主要防治措施:施用腐熟的堆肥,注意增施钾肥;收获后及时清除病残体,集中深埋或烧毁,以减少菌源;发病时喷药,药剂可选择碱式硫酸铜或琥胶肥酸铜。

发病初期,茎蔓上出现梭形点状斑

病部绕茎1周后,引起病茎枯死

病茎枯死

发病后期,病部密生黑色小粒点

★豇豆枯萎病

豇豆枯萎病属真菌病害,主要危害叶片和根茎。

病原以菌丝体、厚垣孢子随病残体遗落土表越冬,经根部伤口侵入。

连作地发病早、病情重。

● 主要防治措施:重病地应轮作3年以上,最好与禾本科作物进行轮作;选择干燥地块,采用高畦深沟栽植;用多菌灵拌干土,沟施于播种行中;田间开始出现病株时,用多菌灵灌根。

幼苗发病后枯萎

病株根颈处发病症状

病株根颈处皮层常开裂

病株维管束组织变褐

18

★豇豆根腐病

豇豆根腐病属真菌病害,是豇豆的主要病害之一,危害根部和茎基部。

病原以菌丝体或厚垣孢子在病残体或土壤中越冬。在田间,病原可通过工具、雨水及灌溉水传播。

地势低洼,土质黏重,雨后不及时排水,利于病原侵染和发病。

●主要防治措施:选用抗病品种,水旱轮作,或与非豆科作物实行2年以上轮作;深沟高畦,防止积水,雨后及时排水;发病时可用多菌灵或噁霉灵浇淋植株基部或灌根。

病株枯萎

病株根系腐烂坏死

根部腐烂

根部皮层腐烂脱落

★豇豆基腐病

豇豆基腐病属真菌病害,又称立枯病,主要危害幼苗,引起苗前烂种和刚出土后的幼苗发病。

病原以菌丝或菌核在土壤中越冬,在田间可通过水流、农具等传播。

生产中当土温在10 ℃以下时,种子在土中的时间长,易发病。苗床湿度大,通风透光不良,幼苗瘦弱或徒长,发病较重。

●主要防治措施:播种前用拌种双拌种。选用排水良好的向阳地块育苗。育苗前床土充分晾晒。施用石灰调节土壤酸碱度。播种前,苗床或育苗盘用福美双药土消毒。发病初期喷洒甲基立枯磷或噁霉灵进行防治。

茎基部出现红褐色病斑　　　　　　　病部逐渐扩展,引起苗枯

20

★豇豆细菌性疫病

豇豆细菌性疫病属细菌病害,又称叶烧病。主要危害叶片、茎蔓、豆荚。

病原主要在种子内或黏附在种子上越冬。在田间,病菌可通过风雨或昆虫传播。

气温24~32 ℃,叶片上有水滴时易发病。高温高湿、雾大露重或暴风雨后转晴的天气最易诱发该病。

●主要防治措施:播种前用温水浸种,也可用农用链霉素浸种;选留无病种子,加强栽培管理,施用充分腐熟的堆肥,避免田间湿度过大;发病初期喷洒农用硫酸链霉素或络氨铜进行防治。

发病初期,病叶上出现水渍状病斑

病斑褐色,边缘有黄晕

多从叶尖或边缘开始发病

豆荚发病

21

菜豆病害

★菜豆病毒病

菜豆(又称四季豆)病毒病属病毒病害。幼苗至成株期均可发病,以秋季露地栽培的蔓生菜豆发生危害严重。

病毒可在菜豆种子中长时间存活,主要靠种子传毒。田间发病后,病毒可通过桃蚜、蚕豆蚜等蚜虫传播,也能依靠汁液摩擦传播。

种子带毒率高,蚜虫数量大,发病重。

●主要防治措施:播种前用磷酸三钠浸种;加强苗期管理,及时拔除病苗;积极防治蚜虫;发病初期喷洒吗胍·乙酸铜进行防治。

病株矮缩

叶面畸形

叶面凹凸不平

花叶

★菜豆灰霉病

菜豆灰霉病属真菌病害,主要危害茎蔓、叶片、花和豆荚。各地均有分布,已经成为保护地栽培的一种重要病害。

病原以菌丝、菌核或分生孢子越夏或越冬,在田间可通过水、气流、农具及农事操作传播。

该病为低温高湿型病害,在气温20 ℃、相对湿度95%以上时发病重。

◎主要防治措施:用新苗床或大田育苗;发现病株、病叶、病荚,及时清除,带出田外深埋或烧毁;发病初期喷洒嘧霉胺、异菌脲进行防治;保护地栽培的,在发病初期可用噻菌灵烟剂闭棚烟熏。

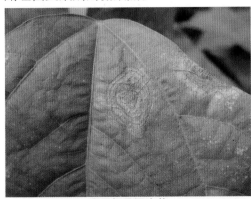

病斑初呈湿腐状

残花引起豆荚发病

后期,病斑表面密生灰白色霉状物

茎蔓发病,病部湿腐,长出霉状物

★菜豆菌核病

菜豆菌核病属真菌病害,主要危害茎、叶片和豆荚。常发生在保护地或南方露地菜豆上。

病原以菌核在土壤中、病残体上或混在堆肥及种子中越冬,条件适宜时,产生子囊孢子随风传播。

冷凉潮湿条件下易发生,适宜温度5~20 ℃,最适温度为15 ℃。

●主要防治措施:在播种前用盐水浸种,洗去菌核和病残体;重病田可与禾本科作物轮作,最好是水旱轮作;勤松土、除草,摘除老叶及病残体,收获后深耕;开花后和发病初期喷施乙烯菌核利或异菌脲进行防治。

叶片发病,病部密生白色毛状霉

豆荚发病,病部湿腐,密生白色毛状霉

茎蔓发病,病部长出黑色鼠粪状菌核

茎蔓发病部位逐渐干枯

★菜豆锈病

菜豆锈病属真菌病害,主要侵害叶片,严重时茎蔓、叶柄及豆荚均可发病。

寒冷地区病原以冬孢子随病残体越冬,温暖地区以夏孢子越冬。在田间,病原主要通过气流传播,也能通过人畜、工具的接触传播。

菜豆进入开花结荚期,气温20 ℃左右,高湿,昼夜温差大及结露持续时间长,病害易流行。低洼地,排水不良,种植过密,通风不畅的地块,发病重。

●主要防治措施:选用抗病品种,合理轮作,实行高垄栽培,合理密植;调整播期,避过重发病期;发病初期,病斑未破裂前喷药防治,药剂可选用苯醚甲环唑或萎锈灵。

病叶上初生黄绿色或灰白色小斑点

病斑逐渐扩大并破裂,散出红色粉末,即夏孢子堆

发病后期,病部长出黑色的冬孢子堆

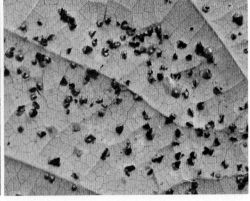

冬孢子堆放大

★菜豆炭疽病

菜豆炭疽病属真菌病害,危害叶片、茎蔓及豆荚。

病原以菌丝体潜伏在种子内和附在种子上越冬,也可在病残体内越冬。带菌种子播种后会引起幼苗发病,在田间,病原可通过雨水、昆虫等传播。

温凉多雨季节发病重。

●主要防治措施:播前用温水浸种;深翻土壤,高畦栽培,清沟沥水,防止大水漫灌;保护地栽培要加强通风,降低湿度;发病后要及时摘除病叶病荚;花期或发病初期喷洒苯甲·丙环唑或百菌清进行防治;保护地栽培,也可用五氯·福美双粉剂喷撒。

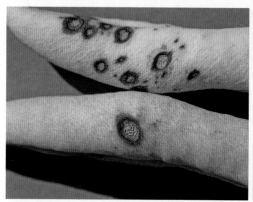

豆荚发病,病斑凹陷,边缘黑色,具红晕

叶片发病,叶脉初呈红褐色,之后渐成为黑褐色

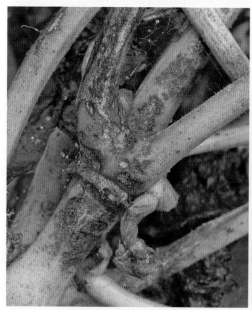

茎部发病后期,病部凹陷并龟裂

叶柄发病,病斑呈锈色、长条状

★菜豆枯萎病

菜豆枯萎病属真菌病害,俗称萎蔫病、死秧,是一种重要的土传病害,各地均有发生。

病原以菌丝、厚垣孢子或菌核在病残体或带病原的堆肥中越冬,也能附着在种子上越冬。在田间,病原主要靠流水传播,也可随病土借风吹和黏附在农具上传播。

当相对湿度在80%以上时,病害发展迅速,特别是结荚期,如遇雨后暴晴或时晴时雨天气,病情常迅速发展。

● 主要防治措施:从无病地或无病株上采种,播种前用硫黄·多菌灵浸种;重病田应与非豆科作物轮作3年以上,或与水稻轮作1年以上;低洼地可采取高畦地膜覆盖栽培;收获后及时清除病株;田间发现病株后,用多菌灵灌根防治。

病株枯死

病株茎基部枯死

根部皮层腐烂

叶片发病,出现似开水烫伤状病斑

27

★菜豆根腐病

菜豆根腐病属真菌病害,主要侵染根部或茎基部。各地均有分布。

病原可在病残体或堆肥中存活多年,在田间可通过工具、雨水及灌溉水传播蔓延。土壤含水量大,土质黏重,易发病。

●主要防治措施:重病田可与白菜或葱蒜类蔬菜实行2年以上轮作;平整土地,防止积水,雨后及时排水;发病后可用多菌灵或噁霉灵浇淋植株基部或灌根。

病株枯萎死亡

根颈部出现褐色条斑,病斑稍凹陷

★菜豆斑点病

菜豆斑点病属真菌病害,主要危害叶片。

病原以菌丝体和分生孢子器随病残体遗落土中越冬,在田间可通过雨水溅射传播蔓延。

温暖多湿季节易发病。植地低洼,株间郁闭,利于发病。

●主要防治措施:注意清沟排渍,改善植株间通透性;及时清除田间初发病叶,减少菌源;发病初期及时喷洒硫黄·多菌灵或甲基硫菌灵进行防治。

叶片发病,病斑近圆形,大小不一

病斑边缘褐色,中部淡褐色至灰褐色

★菜豆红斑病

菜豆红斑病属真菌病害，主要危害叶片和豆荚。

病原以菌丝体和分生孢子在种子或病残体中越冬，在田间可通过气流及雨水溅射传播。

高温、高湿有利于发病和流行。秋季多雨易发病。

●主要防治措施：播前用温水浸种；有条件的地方，最好实行轮作倒茬栽培；采收结束后，及时销毁病残体；发病初期喷洒乙霉·多菌灵或百菌清进行防治。

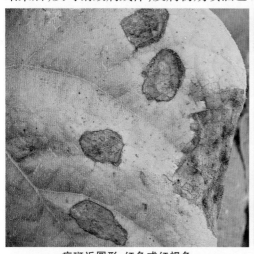

病斑近圆形，红色或红褐色

有时受叶脉限制形成不规则形病斑

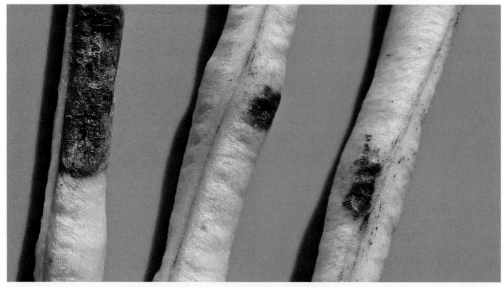

豆荚发病，病斑红褐色，中心黑褐色

★ 菜豆黑斑病

菜豆黑斑病属真菌病害,主要危害叶片。

病原以菌丝体和分生孢子丛在病部或病残体中越冬,在田间可借助气流或雨水溅射传播。

种植过密,温暖多湿,易发病。

● 主要防治措施:播种前用百菌清浸种;清沟沥水,合理密植;大棚栽培要适时通风,降低棚内湿度;收获后,清除田间病残体;发病前或发病初期喷洒代森锰锌或异菌脲进行防治。

病斑圆形或近圆形

病斑褐色,微有同心轮纹

★菜豆轮纹病

菜豆轮纹病属真菌病害,又称褐斑病、叶煤病、褐纹病,主要危害叶片。

病原以菌丝体和分生孢子器在病部或病残体上越冬或越夏,在田间可借助雨水溅射传播。

生长季节天气温暖高湿,植株间过密,均利于该病发生。偏施氮肥,植株长势过旺,肥料不足,使植株长势衰弱,发病重。

●主要防治措施:合理密植,避免田间湿度过大;发病初期,喷药防治,药剂可选用百菌清或硫黄·多菌灵。

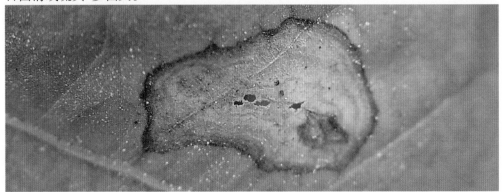

病斑近圆形,表面有轮纹

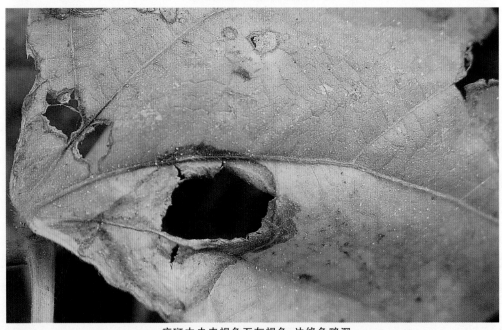

病斑中央赤褐色至灰褐色,边缘色略深

★菜豆炭腐病

菜豆炭腐病属真菌病害,主要危害茎基部,各地均有发生。

病原以菌丝或菌核随病残体在土壤中越冬,在田间可通过风雨传播。

田间高温、多湿,地势低洼,土壤湿度大,利于发病。

●主要防治措施:播种前,用五氯硝基苯拌种;增施钾肥,可以增强植株抗病力;收获后,及时清除病残体,集中深埋或烧毁;重病田与禾本科作物轮作;发病初期用代森锰锌喷淋病株根茎基部及其四周的土壤。

病株枯死

茎基部皮层腐烂,易剥离

发病后期,病茎部长出黑色小点

★菜豆细菌性疫病

菜豆细菌性疫病属细菌病害,又称叶烧病、火烧病,主要危害叶片、茎蔓、豆荚和种子。

病原主要在种子内部或附在种子表面越冬。在田间,病原可通过风雨及昆虫传播。

高温多雨,尤其是暴风雨容易引起病害的发生和流行;多雾和露重天气发病也较重。

●主要防治措施:从无病株上选留种子,采取高垄地膜栽培;重病田与非豆科蔬菜实行2~3年的轮作;齐苗后要重点对发病中心株及其周围植株进行防治,药剂可选用波尔多液或络氨铜。

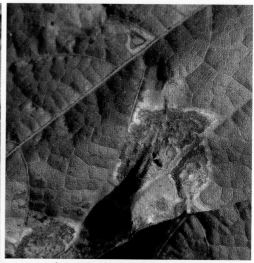

病斑不规则形,周围有黄色晕圈

叶片发病,多自叶尖或叶缘开始

豆荚发病,病斑红褐色

病斑逐渐增多

34

★菜豆细菌性叶斑病

菜豆细菌性叶斑病属细菌病害,又称细菌性褐斑病,主要危害叶片,严重时也侵染幼苗、叶柄、茎秆、豆荚和籽粒。

病原可在种子及病残体上越冬。在田间可借风雨、灌溉水传播蔓延。

苗期至结荚期阴雨或降雨天气多,雨后易见此病发生和蔓延。

●主要防治措施:建立无病留种田,选用无病种子;发病初期喷洒络氨铜或碱式硫酸铜进行防治。

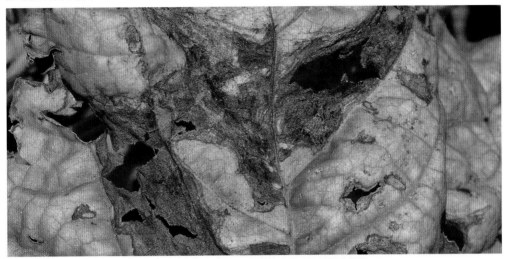

初生水渍状小斑,后逐渐扩大为不规则形病斑

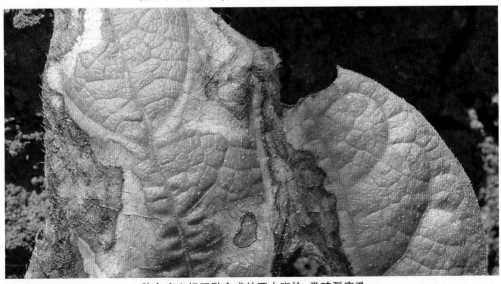

数个病斑相互融合成枯死大斑块,常破裂穿孔

35

★菜豆细菌性晕疫病

菜豆细菌性晕疫病属细菌病害。该病主要危害叶片,是菜豆的一种危险病害。

病原主要通过种子传播,生长期内主要通过气孔或机械伤口侵入,有时能造成系统侵染。

冷凉、潮湿地区易发病。

●主要防治措施:选用抗病品种,选用无病种子,建立无病留种田;发病初期喷洒农用硫酸链霉素或琥胶肥酸铜进行防治。

发病初期

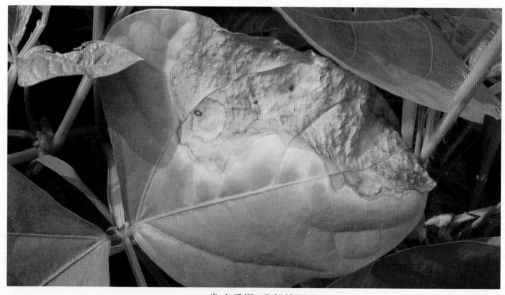

发病后期,病部枯死

蚕豆病害

★蚕豆病毒病

蚕豆病毒病属病毒病害。该病常因病毒株系不同而症状各异。

在南方,病毒在豆类作物上越冬或越夏,北方主要在越冬蔬菜或温室豆类植物上越冬,在田间可通过蚜虫和接触摩擦传播。

气候干燥,蚜虫发生量大,发病重。

●主要防治措施:选择无病、健康饱满的种子播种;种植地块远离菜豆田和栽植菜豆的大棚或温室;适期播种,苗期发现病株及时拔除;积极防治蚜虫。

叶片褪绿

叶片卷曲畸形

花叶

叶脉坏死

★ 蚕豆赤斑病

蚕豆赤斑病属真菌病害。该病主要侵害叶部,也能危害其他部位,是蚕豆的一种重要病害。

病原以菌核附着在病茎内外或落在土表越冬和越夏。在田间,病菌产生分生孢子借风雨进行传播。

春季阴雨绵绵,田间湿度大,温度适宜,容易造成该病流行。

●主要防治措施:播种前用温汤浸种或用多菌灵浸种;避免连作,合理配施磷、钾肥;收获后及时清除病残体,深埋或烧毁;发病前或发病初期施药控制发病中心,药剂可选用异菌脲或乙烯菌核利。

病叶初生赤红色小斑点

病斑圆形或近圆形,病健交界明显

病斑逐渐变成褐色或锈红色

病斑放大

茎秆染病,病斑长圆形或梭形

病斑逐渐扩大,中央凹陷

豆荚染病,上生黑色颗粒状突起

豆粒发病,出现红褐色病斑

39

★蚕豆锈病

蚕豆锈病属真菌病害。该病危害叶片、茎秆、豆荚,以叶片发病最重,是蚕豆的一种重要病害。长江流域发生普遍,北方零星发生。

病原以冬孢子在病残体上越夏或越冬,在田间可通过气流传播,人、畜、工具的接触也可传播。

冬春气温高则发病早。气温20~25 ℃易发病,尤其春雨多的年份易流行。

●主要防治措施:实行轮作,合理密植,通风透光,降低湿度;适时播种,防止冬前发病,减少病原基数;收获后清除田间病残体,集中烧毁或深埋;发病前或发病初期喷洒嘧菌酯或苯醚甲环唑进行防治。

田间典型症状

发病初期,病叶上出现黄白色斑点

40

随后变为红褐色的疤状斑

发病后期,病部长出黑色的冬孢子

病斑破裂后散出红色的粉末,即夏孢子

病茎上的冬孢子堆

★蚕豆褐斑病

蚕豆褐斑病属真菌病害。该病危害叶片、茎秆及豆荚,是蚕豆的一种常见病害,各地均有发生。

病原以菌丝在种子或病残体上越冬,或以分生孢子器在蚕豆上越冬,在田间可通过风雨传播。

偏施氮肥,播种过早,在阴湿地种植,发病重。

●主要防治措施:选用无病豆荚,单独脱粒留种,播种前用温水浸种;适时播种,提倡高畦栽培,合理施肥;发病前或发病初期喷洒络氨铜或多菌灵进行防治。

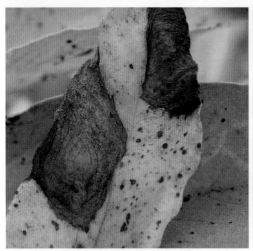

叶部病斑深褐色,表面有轮纹

病斑中央变为灰白色

叶背症状

茎秆发病

42

★蚕豆轮纹病

蚕豆轮纹病属真菌病害,主要危害叶片,有时也危害茎、叶柄和豆荚,是蚕豆的一种常见病害,各地均有分布。

病原以分生孢子座随病叶遗落在土表或附着在种子上越冬。在田间,病菌可通过风雨传播。

春季多雨潮湿易发病。土壤黏重,排水不良或缺钾发病重。

●主要防治措施:播种前用温水浸种,适时播种,不宜过早,提倡采用高畦栽培,适当密植,增施有机肥;发病前或发病初期喷洒碱式硫酸铜或乙霉·多菌灵进行防治。

病斑圆形或近圆形,病健交界明显

病斑黑褐色,表面具轮状纹

病叶枯死

田间发病状

★蚕豆炭疽病

蚕豆炭疽病属真菌病害,主要危害蚕豆叶片和豆荚,偶尔危害茎。分布较广,但多零星发生。

病原主要以菌丝潜伏在种皮下或以菌丝体随病残体在地面上越冬,在田间可通过昆虫及风雨传播。

温凉多湿,多雨、多露或多雾,易发病。地势低洼,密度过大,发病重。

● 主要防治措施:播种前用福美双拌种;适时早播,间苗时注意剔除病苗,加强肥水管理;收获后及时清除病残体;发病前或发病初期喷洒苯甲·丙环唑或百菌清进行防治。

病斑中间浅褐色,边缘红褐色

后期,病斑常破裂穿孔

★蚕豆灰霉病

蚕豆灰霉病属真菌病害。主要危害叶片、茎蔓、花和豆荚。

病原以菌丝、菌核或分生孢子越夏或越冬,在田间可通过雨水、气流、农具或随病残体传播。高湿冷凉条件易发病。

●主要防治措施:棚室降低湿度,提高棚室夜间温度,增加白天通风时间;及时拔除病株;定植后出现零星病株即开始喷药防治,药剂可选择嘧霉胺、异菌脲等。

叶片发病

病斑上长出灰白色霉状物

★蚕豆根腐病

　　蚕豆根腐病属真菌病害。该病主要危害根和茎基部,各地均有发生。

　　病原随病残体在土壤中越冬,在田间可通过土壤、病残组织及种子传播蔓延。

　　地下水位高,或田间积水,发病重;播种时遇阴雨连绵的天气,发病严重。

　　●主要防治措施:播种前用三唑酮或百菌清拌种;干旱时及时灌水,多雨时疏沟排水;合理轮作,不偏施氮肥,合理密植,确保通风透光良好,增强植株抗病能力;发病后可用多菌灵或噁霉灵浇淋植株基部或灌根。

根部皮层腐烂

★蚕豆枯萎病

蚕豆枯萎病属真菌病害,又称萎蔫病。植株各部位均可受害,是蚕豆的一种重要的土传病害。

病原主要以菌丝体在田间病残体上越冬。种子表面也可带菌,播种带菌的种子即可引起幼苗发病。在田间,病原可通过流水、农具等传播。

土壤含水量低于65%时,发病重。缺肥及酸性土壤发病重。

●主要防治措施:播种前用温水浸种或用百菌清拌种;重病田实行3年以上轮作;发病初期用代森锰锌或甲基硫菌灵喷雾防治,也可用甲霜·锰锌灌根。

病株萎蔫枯死　　　　　　　茎基部发病,出现黑褐色病斑

47

★蚕豆细菌性茎枯病

蚕豆细菌性茎枯病属细菌病害,又称细菌性茎疫病。该病主要危害茎部,有时也可危害叶片和豆荚。

病菌在土壤中或随病残体在土壤中越冬,在田间可通过土壤、雨水等传播。

低温多雨的天气发病重;雨后骤晴,易发病。

●主要防治措施:合理选用抗病品种;建好排灌系统,作高垄,雨季注意排水,降低田间湿度;及时拔除中心病株,减少再侵染;初花期、初荚期喷洒农用链霉素或叶枯唑进行防治。

茎秆发病,病斑呈水渍状

茎部受害大多在接近顶端部分

病部变黑软腐、缢缩

病茎内部症状

豌豆病害

★豌豆白粉病

豌豆白粉病属真菌病害。该病主要危害叶片,也可危害茎蔓和荚,是豌豆的一种重要病害,各地均有分布。

在寒冷地区病原以闭囊壳在遗落土表的病残体上越冬,在温暖地区则以分生孢子在寄主作物间辗转传播危害。在田间,病原可通过气流和雨水溅射传播。

保护地昼夜温差大,湿度高,易结露,适宜白粉病发生。降雨则不利于病害发生。

● 主要防治措施:选用抗病品种,播种前用甲基硫菌灵拌种;抓好以肥水为中心的栽培防病措施;收获后清洁田园,清除病残体,集中深埋或烧毁;发病初期及时喷药防治,药剂可选用硫黄·多菌灵或腈菌唑。

病叶上出现白色粉斑

粉斑呈放射状,边界不清晰

病斑逐渐增多

严重时,白色粉斑覆盖叶面

49

★ 豌豆霜霉病

豌豆霜霉病属真菌病害,主要危害叶片。

病原在病残体、种子上越冬,在田间可通过风雨传播。

气温20~24 ℃,若遇连阴雨则易发病。

● 主要防治措施:播种前用甲霜灵拌种剂拌种;重病田实行2年以上的轮作;合理密植,收获后清洁田园,病残体集中深埋或烧毁;发病前或发病初期喷洒烯酰吗啉、氰霜唑进行防治。

病叶上出现褪绿的不规则斑,无明显边缘

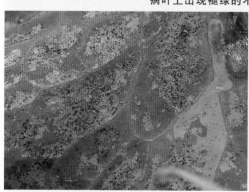

病斑上长出淡蓝色霉状物

发病后期症状

★豌豆灰霉病

豌豆灰霉病属真菌病害,地上部位均可发病,是豌豆的一种常见病害。

病原以菌丝、菌核或分生孢子越夏或越冬。在田间,病菌可借雨水溅射或随病残体、水流、气流、农具等传播。

冷凉、高湿环境易发病。

●主要防治措施:棚室栽培要降低湿度,提高棚室夜间温度,增加白天通风时间;及时拔除病株,集中深埋或烧毁;发现病株即开始喷药,常用药剂有嘧霉胺、异菌脲等。

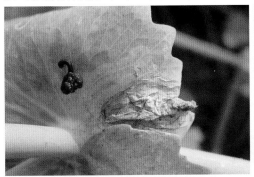

落花诱发叶片发病

茎秆发病

花器发病后枯死,并长出灰白色霉状物

豆荚发病,病部呈水渍状湿腐

豆荚发病后腐烂死亡

病部密生灰褐色霉状物

★豌豆炭疽病

豌豆炭疽病属真菌病害。该病可危害叶片、茎蔓和豆荚,各地均有发生。

病原以菌丝体或分生孢子在病残体内或潜伏在种子里越冬。播种带病种子,可直接引起幼苗发病。在田间,病原可通过气流或雨水传播。

高温、多雨,易发病。低洼地、排水不良、植株生长衰弱,发病重。

●主要防治措施:选用抗病品种;重病田与非豆科作物轮作;收获后及时清除病残体,及时深翻;发病初期喷苯甲·丙环唑或苯菌灵进行防治。

病叶上出现圆形或椭圆形小斑

茎蔓发病,病斑近梭形或椭圆形,略凹陷

病斑逐渐扩大、增多

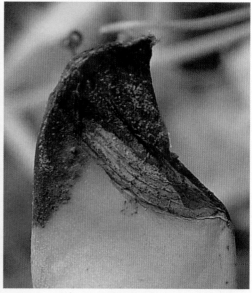
豆荚染病

★ 豌豆猝倒病

豌豆猝倒病属真菌病害,主要危害幼苗。

病原可在病株残体上及土壤中越冬。在田间,病原可借灌溉水或雨水溅射传播。低温、高湿利于发病。苗床通风不良,光照不足,湿度偏大,易发病。

● 主要防治措施:苗床应选择地势高、排水良好的田块;注意提高地温,降低土壤湿度;及时检查苗床,发现病苗立即拔除;发病初期喷洒噁霜·锰锌或甲霜·锰锌进行防治。

病苗倒伏

茎基部缢缩成线状

★ 豌豆根腐病

豌豆根腐病属真菌病害。该病主要危害根或根颈处,是豌豆的一种重要的土传病害,各地均有分布。

病原在土壤中存活,可经土壤、病残组织及种子传播蔓延。干旱年份发病重。

● 主要防治措施:播种前用咯菌腈悬浮种衣剂包衣;发病初期用噁霉灵或多菌灵喷雾防治,或用百菌清灌根。

病株枯死

病茎基部缢缩呈"细腰"状

★ 豌豆褐斑病

豌豆褐斑病属真菌病害,主要危害叶、茎、荚。

病原以休眠菌丝体附着在种子内外越冬,或以分生孢子器病残体在田间越冬,在田间可借雨水传播。

病原发育适温15~26 ℃,在多雨潮湿的气候条件下易发病。

●主要防治措施:选择高燥地块种植,合理密植,配方施肥,收获后及时清洁田园,清除病残体或深翻土壤;发病初期喷洒苯菌灵或硫黄·多菌灵进行防治。

田间发病状

病斑淡褐色至深褐色

★ 豌豆黑斑病

豌豆黑斑病属真菌病害,主要危害叶片、近地面的茎蔓和豆荚。

病原以菌丝或分生孢子在种子内或随病残体在地表越冬,在田间可通过风雨或灌溉水传播。

●主要防治措施:选用无病豆荚,单独脱粒留种,播种前用温水浸种;提倡高畦栽培,合理施肥,适当密植,增施钾肥;发病初期喷洒琥胶肥酸铜或硫黄·多菌灵进行防治。

病叶上出现紫红色近圆形病斑

茎蔓发病,病斑紫褐色,大小不等

扁豆病害

★扁豆病毒病

扁豆病毒病属病毒病害。该病是扁豆的一种常见病害,各地均有发生。

病原有多种,主要在种子和自然寄主体内越冬。在田间,病原由桃蚜、豆蚜等蚜虫以非持久方式传播,也可通过农事操作接触摩擦传播。

气候干旱,田间管理条件差,蚜量大,发病重。

●主要防治措施:选用无病豆粒留种,加强肥水管理,提高植株抗病力;加强蚜虫防治,防止病毒蔓延;发病初期喷洒吗胍·乙酸铜进行防治。

整叶显现症状

病叶出现红褐色环状斑驳

病叶干枯

★扁豆炭疽病

扁豆炭疽病属真菌病害,主要危害叶片、叶柄、茎蔓、豆荚。

病原在种子、病残体上越冬,在田间可通过昆虫及风雨传播蔓延。

多在夏、秋季露地零星发生。温凉多湿或多雨、多露、多雾发病重。

● 主要防治措施:选用抗病品种,播种前用温水浸种;间苗时注意剔除病苗,加强肥水管理;收获后及时清除病残体;发病初期喷洒苯甲·丙环唑或苯菌灵进行防治。

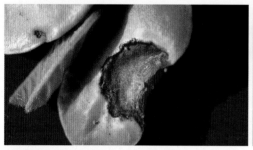
幼苗发病,在子叶边缘出现红褐色凹陷的病斑

叶片发病,病斑赤褐色至黑色

茎蔓发病,略凹陷

病斑中部颜色浅,边缘颜色深

豆荚发病,病斑圆形,凹陷

豆荚成熟后,病斑颜色变浅,边缘稍隆起

★扁豆斑点病

扁豆斑点病属真菌病害，又称白星病。该病主要危害叶片，是扁豆的一种主要病害。
病原主要以分生孢子器在病残体上越冬，在田间可通过风雨传播。
多雨年份和多雨季节易发病。缺肥田发病重。
● 主要防治措施：施用充分腐熟的有机肥，提高寄主抗病力；发病初期喷洒甲基硫菌灵或苯菌灵进行防治。

病斑圆形或近圆形，锈褐色

发病后期，病斑中央浅褐色，边缘红褐色或暗褐色

★扁豆褐斑病

扁豆褐斑病属真菌病害，主要危害叶片。各地均有分布，发生普遍。
病原以子座组织在病残体上越冬，在田间可通过风雨传播蔓延。
高温、高湿，种植密度过大，易发病。
● 主要防治措施：重病田可与非豆科作物轮作；合理施肥，特别是钾肥；雨季注意排水，降低田间湿度；收获后及时清除病残体，及时深翻。发病前或发病初期喷洒苯菌灵或甲基硫菌灵进行防治。

发病初期，病斑为深褐色，略发紫

发病后期，病斑中部变为灰褐色

★扁豆红斑病

扁豆红斑病属真菌病害。主要危害叶片,严重时也可侵染豆荚。

病原以菌丝体和分生孢子在种子或病残体上越冬,在田间可通过气流及雨水溅射传播。

秋季多雨、高温高湿有利于发生和流行。连作地块发病重。

●主要防治措施:播前种子用温水浸种;发病地采收后进行深耕,有条件的实行轮作;发病前或发病初期喷洒百菌清或多菌灵进行防治。

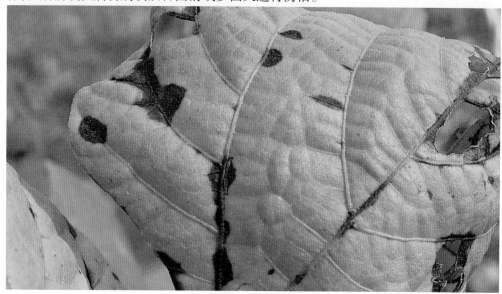

病斑近圆形,红褐色

病斑多沿脉发展

★扁豆轮纹病

扁豆轮纹病属真菌病害,主要危害叶片。

病原以菌丝体和分生孢子器在病部或随病残体遗落土中越冬或越夏,在田间可通过雨水溅射传播。

温暖高湿利于本病发生。偏施氮肥,或肥料不足植株长势衰弱,或过度密植,发病重。

●主要防治措施:收获后清理病残物,并深耕晒土;发病初期喷洒多菌灵或春雷·王铜进行防治。

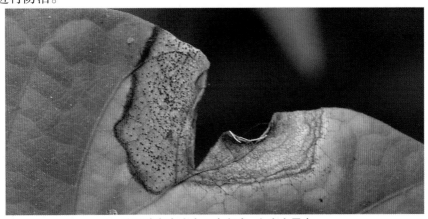

病斑中部灰白色至灰褐色,上生小黑点

★扁豆茎枯病

扁豆茎枯病属真菌病害,主要危害茎。

病原以菌丝或菌核随病残体在土壤中越冬,在田间可通过雨水溅射传播。

田间高温、多湿易发病。地势低洼及土壤湿度大易发生。

●主要防治措施:收获后及时清除病残体,集中深埋或烧毁;施入的堆肥要充分腐熟,注意增施钾肥;发病初期喷洒碱式硫酸铜或琥胶肥酸铜进行防治。

病茎上出现灰色条状或不规则形病斑

发病后期,病斑表面生出很多小黑点

★扁豆细菌性疫病

扁豆细菌性疫病属细菌病害,又称细菌性叶烧病,主要危害叶片、茎、荚。

病原主要在种子内部或附在种子表面越冬。在田间,病原可通过风雨及昆虫传播。高温多雨,特别是暴风雨后,病害常发生和流行。多露和露重天气发病也较重。

●主要防治措施:选留无病种子,播种前用恒温水浸种;加强栽培管理,避免田间湿度过大;发病初期喷洒农用硫酸链霉素或络氨铜进行防治。

病斑不规则形,周围有黄色晕圈

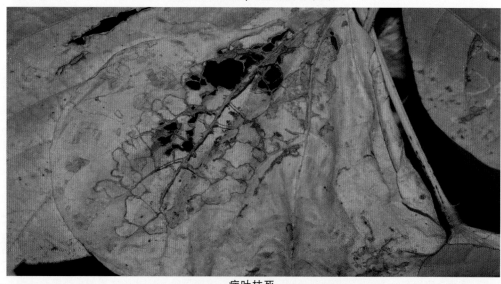

病叶枯死

害　虫

★美洲斑潜蝇

美洲斑潜蝇*Liriomyza sativae*（Blanchard）属双翅目，潜蝇科，又称蔬菜斑潜蝇、蛇形斑潜蝇、甘蓝斑潜蝇等。主要以幼虫潜食叶肉危害；成虫也能以产卵器刺伤叶片，吸食汁液。

美洲斑潜蝇在南方地区周年发生，无越冬现象。在北方自然条件下不能越冬，但能以各种虫态在温室内繁殖过冬。世代短，繁殖能力强，在海南每年可发生 21~24 代。

●主要防治措施：及时清除菜园残株、残叶及杂草，处理虫害残体；间作套种美洲斑潜蝇非寄主植物或不易感虫的苦瓜、葱、蒜等；悬挂黄板诱杀成虫；幼虫3龄前喷药防治，药剂可选用阿维·高氯或灭蝇胺。

成虫是小型蝇类，小盾片鲜黄色

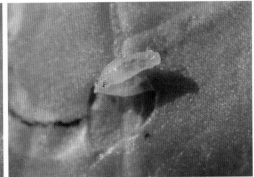

幼虫蛆形，体鲜黄色

幼虫潜食叶肉，形成弯曲的蛇形蛀道

蛹暗黄色

★ 豌豆彩潜蝇

豌豆彩潜蝇*Chromatomyia horticola* Goureau属双翅目、潜蝇科,又称豌豆植潜蝇、豌豆潜叶蝇,俗称叶蛆、叶夹虫。以幼虫在叶表皮下潜食叶肉,形成灰白色的蛇形潜道。成虫以产卵器刺破叶片,吸食流出的汁液。

华北每年发生4~5代,安徽每年发生10~12代,福建每年发生13~15代。淮河秦岭以南至长江流域,以蛹越冬为主,少数以幼虫和成虫越冬,南岭以南无越冬现象。

● 主要防治措施:及时铲除田间、田边杂草;在成虫始盛期,悬挂黄板诱杀成虫;抓住产卵盛期至孵化初期的关键期用药,药剂可选用灭蝇胺、溴氰·虫酰胺等。

成虫是小型蝇类

成虫额黄色,中胸背板及小盾片黑灰色

初羽化成虫体色浅

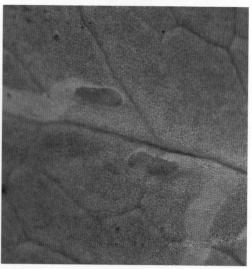
幼虫潜匿在叶表皮下危害

62

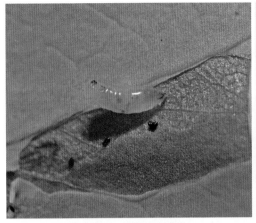

幼虫蛆形,老熟幼虫黄色

在潜道内化蛹

蛹长椭圆形,黄至黑褐色

成虫以产卵器刺破叶片造成的危害状

幼虫潜食叶肉,形成蛇形潜道

★豆蚜

　　豆蚜*Aphis craccivora* Koch属半翅目、蚜科，又称苜蓿蚜、花生蚜、槐蚜。成虫和若虫刺吸嫩叶、嫩茎、花及种荚的汁液，使叶片卷缩发黄，嫩种荚变黄。除西藏未见报道外，其余各省区均有发生。

　　山东、河北年发生20代，广东、福建30多代。主要以无翅胎生雌蚜和若蚜在背风向阳的山坡、沟边、路旁的荠菜、苜蓿、菜豆和冬豌豆的心叶及根茎交界处越冬，也有少量以卵在枯死寄主的残株上越冬。在华南各省能在豆科植物上继续繁殖，无越冬现象。

　　春末夏初气候温暖、雨量适中利于该虫发生和繁殖。

　　●主要防治措施：及时铲除田边、沟边杂草，减少虫源；棚室悬挂黄板诱杀有翅蚜；必要时可喷洒吡蚜酮、抗蚜威等进行防治。

危害蚕豆

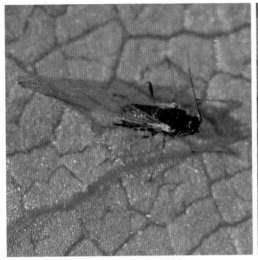

有翅成虫黑色或黑绿色

若蚜灰紫色

危害豇豆

危害菜豆

危害扁豆

无翅成虫

★ 豌豆修尾蚜

豌豆修尾蚜*Megoura japonica*（Matsumura）属半翅目、蚜科，又称蚕豆修尾蚜。以成虫和若虫刺吸汁液危害。各地均有发生。

每年发生数代，4~6月间危害蚕豆。

●主要防治措施：及时铲除田边、沟边、塘边杂草，减少虫源；悬挂黄板诱杀有翅蚜；当有蚜株率达10%，或平均每株有虫3~5头时，可喷洒吡蚜酮、抗蚜威等进行防治。

有翅蚜头和胸均黑色，腹部色浅

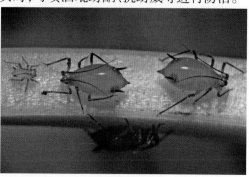

无翅蚜草绿色

群集危害蚕豆

危害蚕豆致嫩梢枯死

★ 烟粉虱

　　烟粉虱*Bemisia tabaci*(Gennadius)属半翅目、粉虱科,又称棉粉虱、甘薯粉虱。以成虫和若虫吸食寄主植物叶片的汁液。

　　年发生11~15代,繁殖速度快,世代重叠。在我国南方可常年危害,不需要越冬。在北方地区不能露地越冬,但可在双膜覆盖的大棚或日光温室内越冬,并能保持较高的种群密度,是次年烟粉虱的主要来源。

　　●主要防治措施:采用粘虫黄板诱杀成虫;北方地区,冬季在温室内种植芹菜、韭菜等烟粉虱非嗜好的寄主作物,从越冬环节切断烟粉虱的自然生活史;释放丽蚜小蜂防治;必要时可喷洒螺虫乙酯、噻虫胺等进行防治。

成虫翅白色,停息时从上方可见黄色的腹部

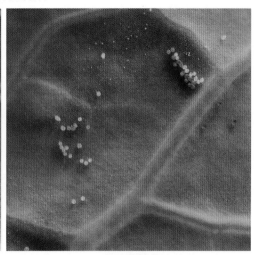

卵长椭圆形

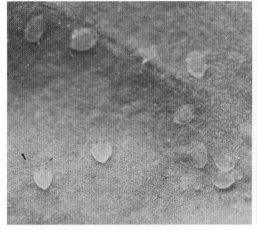

若虫扁卵形,半透明

伪蛹扁卵形,背面稍隆起

★朱砂叶螨

朱砂叶螨*Tetranychus cinnabarinus*（Boisduval）属真螨目、叶螨科。以成螨、若螨群集叶背刺吸汁液。国内各地均有分布。

在北方年发生12~15代，南方地区年发生20多代。以雌成螨在草根、枯叶及土缝或树皮裂缝内群集越冬，靠爬行或风雨传播。

干旱少雨时发生严重。

●主要防治措施：合理进行作物布局，有条件的地区可实行水旱轮作；加强田间管理，保持田园清洁；当被害株率在20%以上时，及时喷药防治，药剂可选用虫螨腈、唑螨酯等。

受害叶片正面出现许多针头大小的褪绿小点

后期，受害部位变为红色

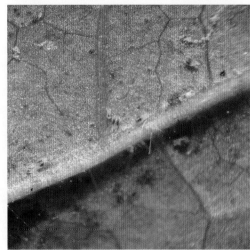

若螨在叶背危害

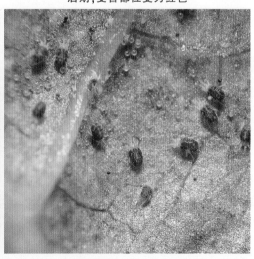

成螨椭圆形，红色或锈红色

★ 点蜂缘蝽

点蜂缘蝽*Riptortus pedestris*（Fabricius）属半翅目、蛛缘蝽科。成虫和若虫刺吸汁液，致使蕾、花凋落，果荚不实或形成瘪粒。

在江西南昌每年发生3代。以成虫在枯枝落叶和草丛中越冬。

●主要防治措施：冬季结合积肥，清除田间枯枝落叶，铲去杂草，及时堆沤或焚烧，可消灭部分越冬成虫；在成虫、若虫危害期喷药防治，药剂可选用溴氰菊酯、吡虫啉等。

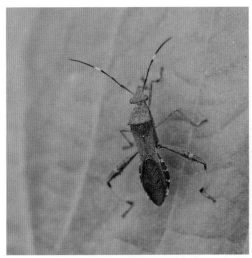

成虫体形狭长，体黄褐至黑褐色

头、胸部两侧的斑纹呈点状斑或消失

若虫形似蚂蚁

若虫体背观

★ 条蜂缘蝽

条蜂缘蝽*Riptortus linearis* Fabricius属半翅目、蛛缘蝽科，又称白条蜂缘蝽、豆缘蝽象。成虫和若虫吸食汁液危害，被害蕾、花凋落，果荚不实或形成瘪粒。

每年发生3代。以成虫在枯草丛中、树洞和屋檐下越冬。

● 主要防治措施可参考点蜂缘蝽。

头、胸两侧有光滑完整的带状黄色条斑

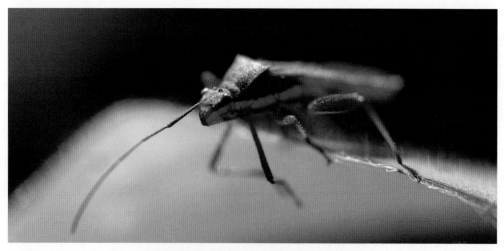

头在复眼前部成三角形，复眼大且向两侧突出

★红背安缘蝽

红背安缘蝽Anoplocnemis phasianas Fabricius属半翅目、缘蝽科。成虫、若虫刺吸豆荚、嫩芽汁液,致豆粒萎缩,嫩芽枯萎。危害花生、大豆等。国内分布广泛。

长江以北每年发生1代,长江以南每年发生2代。成虫在寄主附近的枯枝落叶下越冬。

●主要防治措施:冬季结合积肥,清除田间枯枝落叶,铲去杂草,及时堆沤或焚烧,消灭部分越冬成虫。在成虫、若虫危害期,喷洒溴氰菊酯、吡虫啉进行防治。

成虫触角第四节棕黄色,其余棕褐色

3龄若虫灰黑色

5龄若虫黄褐色

71

★ 斑须蝽

　　斑须蝽*Dolycoris baccanum*（Linnaeus）属半翅目、蝽科，又称细毛蝽、臭大姐。成虫和若虫刺吸嫩叶、嫩茎等部位汁液，严重时致叶片卷曲，嫩茎凋萎，国内各省区均有发生。

　　每年发生1~4代。以成虫在田间、杂草、枯枝落叶、植物根际、树皮及屋檐下越冬。早春气温回升快，降雨量偏少对其发生有利。

　●主要防治措施：加强田间管理，人工捕捉成虫，抹杀卵块；利用成虫趋光性，诱杀成虫；在低龄若虫盛发期喷药防治，药剂可选用乙虫腈、吡虫啉等。

成虫小盾片末端淡黄色

老熟若虫背面中央自第二节向后均有一黑色斑

★ 麻皮蝽

　　麻皮蝽*Erthesina fullo* Thunberg属半翅目、蝽科,又称黄霜蝽、黄斑蝽。成虫、若虫吸食叶片、嫩梢及果实汁液。

　　每年发生1代。以成虫于草丛或树洞、皮裂缝及枯枝落叶下及墙缝、屋檐下越冬。

　●主要防治措施可参考斑须蝽。

成虫头部有一条黄白色线从中片延伸至小盾片

若虫洋梨形,前端较窄,后端宽圆

★豆突眼长蝽

豆突眼长蝽*Chauliops fallax* Scott属半翅目、长蝽科。成虫、若虫吸食叶片汁液,造成叶片萎蔫或脱落。

湖南每年发生3代,江西每年发生4代。以成虫在土缝、石隙及落叶下越冬。

冬季温暖以及翌年5月份气温高、雨量少的年份,发生量大。

●主要防治措施:合理施肥,增强植株抗逆力;收获后清除田间枯枝落叶及杂草,减少越冬虫源;成虫和若虫危害盛期,用阿维菌素、溴氰菊酯喷雾防治。

成虫红褐至黑褐色,体形微小

卵

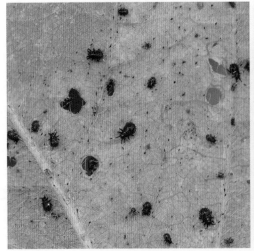
初孵若虫紫红色

高龄若虫紫黑色,体上有许多枝刺

★筛豆龟蝽

筛豆龟蝽*Megacopta cribraria* Fabricius属半翅目、龟蝽科。以成虫及若虫在茎秆、叶柄和果荚上群集吸食汁液,影响植株生长发育。国内分布河北、山西以南各省区。

每年发生1~2代。以成虫在寄主附近的枯枝落叶下越冬。

●主要防治措施:及时冬耕,清洁田园;越冬成虫出蛰前及低龄若虫期,喷洒阿维菌素、溴氰菊酯等药剂防治。

成虫体扁卵圆形,黄褐色或草绿色

小盾片发达,几乎将腹部及翅全部覆盖

★斜纹夜蛾

斜纹夜蛾*Spodoptera litura*（Fabricius）属鳞翅目、夜蛾科，又称莲纹夜蛾、莲纹夜盗蛾，俗称乌头虫、夜盗蛾。幼虫咬食叶片、花、花蕾。国内所有省区均有发生。

自北向南每年发生4~9代。华北大部分地区以蛹越冬，少数以老熟幼虫入土作室越冬；在华南地区可终年繁殖。

1~2龄幼虫如遇暴风雨则大量死亡；土壤含水量在20%以下，对化蛹、羽化均不利。

●主要防治措施：结合田间管理进行人工摘卵和消灭集中危害的幼虫；设置杀虫灯诱杀成虫；药剂防治最佳时机是卵孵盛期至2龄幼虫始盛期，药剂可选用氯虫苯甲酰胺、甲基阿维菌素苯甲酸盐等。

低龄幼虫在叶背啃食，仅留上表皮

高龄幼虫啃食叶肉，残留叶脉

幼虫在叶背啃食叶肉

幼虫体背各节有三角形黑斑1对

幼虫危害扁豆

幼虫常随取食植物的不同而体色各异

幼虫啃食花器

幼虫啃食豆荚

★ 银纹夜蛾

　　银纹夜蛾*Argyrogramma agnata* Staudinger属鳞翅目、夜蛾科,又称黑点银纹夜蛾、豆银纹夜蛾、菜步曲。幼虫食叶成孔洞或缺刻,有时也钻蛀到荚里危害豆粒。

　　自北向南,每年发生2~8代。以蛹在枯叶上、土表等处越冬。

　　●主要防治措施:及时清除田间落叶,消灭虫蛹;利用幼虫的假死性,可摇动植物,使虫掉在地下集中消灭;设置杀虫灯,诱杀成虫;幼虫3龄期以前喷药防治,药剂可选用苏云金杆菌或灭幼脲。

幼虫钻蛀到荚里危害籽粒

幼虫体青绿色,体背有6条细小的白色纵线

成虫翅中央有一"U"字形银色纹和一近三角形银色斑点

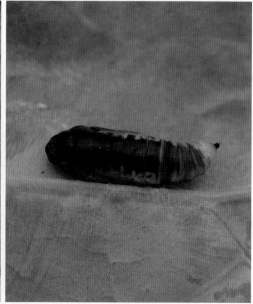
蛹

★焰夜蛾

焰夜蛾 *Pyrrhia umbra* (Hüfnagel)属鳞翅目、夜蛾科,又称豆黄夜蛾、烟火焰夜蛾。幼虫取食叶片,形成孔洞或缺刻,严重时将叶片吃光。也可危害花器和豆荚。

在山东薛城每年发生2代,以蛹在土中越冬。

●主要防治措施:设置杀虫灯,诱杀成虫;人工捕杀幼虫;在幼虫3龄前喷洒氟苯脲或阿维菌素进行防治。

扁豆受害状

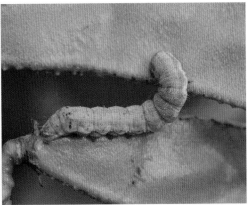
黄白色个体

绿色个体

★豆荚野螟

豆荚野螟*Maruca testulalis* Geyer属鳞翅目、螟蛾科,又称豇豆螟、豇豆荚螟、豆螟蛾、大豆卷叶螟、大豆螟蛾。幼虫危害豆叶、花及豆荚,常卷叶危害或蛀入荚内取食幼嫩的种粒。国内广泛分布,华中、华南发生密度大。

每年发生3~7代。以老熟幼虫在土表或在浅土层内结茧化蛹越冬。

对温度适应范围广,最适温度为28 ℃,相对湿度为80%~85%。

●主要防治措施:及时清除田间落花、落荚,并摘除被害的卷叶和豆荚;架设杀虫灯,诱杀成虫;在卵孵化始盛期或在开花盛期喷药防治,药剂可选用抑太保、苏云金杆菌等。

成虫前翅黄褐色,有1个白色透明带状斑

低龄幼虫

幼虫腹部各节背面有黑褐色毛片6个

幼虫蛀食豇豆

幼虫蛀食菜豆

幼虫蛀食扁豆

★豆蚀叶野螟

豆蚀叶野螟*Lamprosema indicata* Fabricius属鳞翅目、螟蛾科,又称豆卷叶螟、大豆卷叶虫。幼虫食叶呈缺刻或穿孔,后期可蛀食豆荚或豆粒。长江以南发生较重。

全年发生2~5代。以末龄幼虫或蛹在枯叶内越冬。

●防治措施可参考豆荚野螟。

成虫前翅内横线、中横线、外缘线呈黑色波浪状　　　　　　　　幼虫淡绿色

★豆荚斑螟

豆荚斑螟*Etiella zinckenella* (Treitschke)属鳞翅目、螟蛾科,又称豆荚螟、大豆荚螟。以幼虫取食花、荚和豆粒为主,严重时整个豆荚被吃空。国内除西藏外,其余各省区均发有。

全年发生4~8代。以老熟幼虫在大豆本田及晒场周围土中越冬。

●主要防治措施:清除田间落花、落荚,并摘除被害的卷叶和豆荚,以减少虫源;及时翻耕整地除草松土,杀死越冬幼虫和蛹;在豆田架设黑光灯,诱杀成虫;在卵孵化始盛期或在开花盛期喷药防治,药剂可选用甲基阿维菌素苯甲酸盐、苏云金杆菌等。

成虫前翅狭长,近翅基有1条黄褐色横带　　　　　　　　幼虫蛀食扁豆荚

★ 尘污灯蛾

尘污灯蛾*Spilosoma obliqua*（Walker）属鳞翅目、灯蛾科，又称尘白灯蛾、人纹灯蛾。幼虫啃食叶片。分布于我国中部、南部地区。

每年发生约3代。老熟幼虫缀连枯叶或入土化蛹越冬。

●主要防治措施：结合田间管理，在幼虫群集危害时，集中杀灭；设置杀虫灯诱杀成虫；低龄幼虫期喷洒氯虫苯甲酰胺、甲维盐等药剂防治。

成虫前翅白色，停息时，两前翅上的黑点近似"人"字形

外室上角有1个黑点

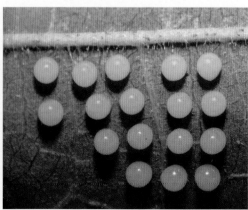

卵乳白色

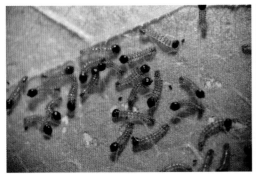

初孵幼虫

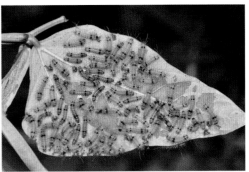

低龄幼虫群集危害豇豆叶片

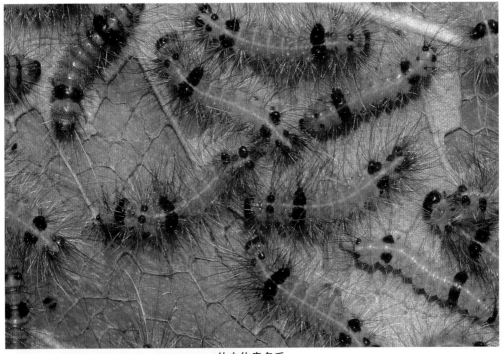

幼虫体表多毛

老熟幼虫

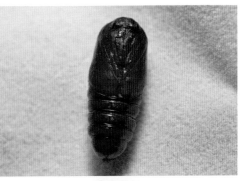

蛹红褐色

★肾毒蛾

肾毒蛾*Cifuna locuples* Walker属鳞翅目、毒蛾科，又称豆毒蛾、大豆毒蛾、肾纹毒蛾。以幼虫食害叶片，吃成缺刻、孔洞，重者全叶被吃光。

自北向南，每年发生3~5代，以幼虫在枯枝落叶或树皮缝隙等处越冬。

●主要防治措施：收获后清除田间枯枝落叶，深翻土壤。设置黑光灯或高压汞灯诱杀成虫；幼虫在3龄以前喷洒杀螟杆菌粉、阿维菌素等进行防治。

成虫

卵淡青绿色

初孵幼虫群集危害

幼虫前胸背面两侧各有1束向前伸的长毛束

幼虫第1~4腹节背面有暗黄褐色短毛刷

幼虫危害蚕豆叶片

★豆天蛾

豆天蛾Clanis bilineata (Walker)属鳞翅目、天蛾科,幼虫俗称豆虫、豆蝉。幼虫取食叶片成缺刻或孔洞,严重时将全株叶片吃光,不能结荚。

淮河以南年发生2代,以北地区年发生1代。以老熟幼虫在土中9~12厘米处越冬。

●主要防治措施:深耕土壤;合理轮作;利用黑光灯诱杀成虫;幼虫3龄前,喷洒灭幼脲、高效氯氰菊酯等防治。

成虫体和翅黄褐色,翅顶部有1个三角形褐色斑块

2~4龄幼虫头部三角形,有头角

幼虫尾部有1个黄绿色尾角

幼虫两侧各有7条向背后方倾斜的淡黄色斜纹

★绿豆象

绿豆象*Callosobruchus chinensis*(Linnaeus)属鞘翅目、豆象科。幼虫蛀荚,食害豆粒,或在仓内蛀食贮藏的豆粒。国内各地均有发生,局部地区密度很高。

每年发生4~5代,南方可发生9~11代。成虫与幼虫均可越冬。

●主要防治措施:将种子放在阳光下暴晒,可杀死种子中的害虫;也可以用烧开的水浸种子25秒,对种子发芽率无影响;在卵孵化前喷洒高效氯氰菊酯或敌百虫进行防治。

成虫在豆荚上产卵

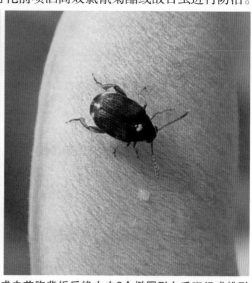
成虫前胸背板后缘中央2个椭圆形白毛斑组成桃形

雌成虫触角锯齿状

雄成虫触角栉齿状

★蚕豆象

蚕豆象 *Bruchus rufimanus* Boheman 属鞘翅目、豆象科。幼虫蛀食新鲜蚕豆粒,在豆粒内蛀成空洞。我国大部分地区都有发生。

每年发生1代。以成虫越冬,越冬场所多在贮藏的蚕豆中、仓库中、房屋的角落及蚕豆包装物的缝隙内,少数在田间作物的遗株、野草或砖石下越冬。

●防治措施参见绿豆象。

成虫栖息在蚕豆上

收贮后,受害豆粒种皮上出现半透明斑

剥开豆粒,可见幼虫

老熟幼虫乳白色,体多皱褶

成虫前胸背板后缘中央的白色毛斑呈三角形

★ 豌豆象

豌豆象*Bruchus pisorum*（Linnaeus）属鞘翅目、豆象科。幼虫蛀害豆荚,取食豆粒。除黑龙江未见外,其他各省、区均有发生。

每年发生1代。8月中旬在豆粒内陆续羽化成虫,蛰伏其中越冬。如豆粒受到扰动,成虫常自豆粒中爬出,迁移到仓库缝隙及包装物等空隙处越冬。

●防治措施参见绿豆象。

成虫椭圆形,黑色

前胸背板后缘中央有1个椭圆形灰白毛斑

臀板中央有一个"T"字形灰白毛斑

两鞘翅中央有灰白色毛斑,略呈"八"字形